BEI GRIN MACHT SICH IHR WISSEN BEZAHLT

- Wir veröffentlichen Ihre Hausarbeit, Bachelor- und Masterarbeit

- Ihr eigenes eBook und Buch - weltweit in allen wichtigen Shops

- Verdienen Sie an jedem Verkauf

Jetzt bei www.GRIN.com hochladen und kostenlos publizieren

Anne Klein

Unterrichtseinheit: Werkaufgabe / Baukastenarbeit

Dieses Buch bei GRIN:

http://www.grin.com/de/e-book/81475/unterrichtseinheit-werkaufgabe-baukasten-
arbeit

<u>**Planung für die 11. und 12. Unterrichtsstunde**</u>

Datum:	13.06.2006
Schule:	Gymnasium
Fach:	WAT
Zeit:	9.10 – 9.55 Uhr ; 10.10 – 10.55 Uhr
Klasse:	9
Lehrkraft:	Anne Klein

Thema der Unterrichtseinheit: <u>Technik im Alltag</u>

Grobziel der Unterrichtseinheit:

Die Schüler haben einen vielseitigen und allgemeinen Einblick in die Technik. Die Schüler können den Begriff „Technik" erklären, Technik in verschiedene Bereiche einordnen, exemplarische Entwicklungen in der Vergangenheit verstehen und die generelle Funktion und den Aufbau von Maschinen erklären. Sie sind in der Lage, Technik im Alltag als technische Geräte zu erkennen und bewusst wahrzunehmen. Die Schüler können über die Beziehung Mensch-Technik und über die Vor- und Nachteile dieser reflektieren und urteilen.

Thema der Unterrichtstunde: <u>Werkaufgabe / Baukastenarbeit</u>

Grobziele:

Die Schüler können selbstständig Arbeiten. Sie können über Gespräche den Lernprozess reflektieren. S. können Zusammenhänge gegenüber anderen Maschinen erkennen.

S. sind in der Lage, erworbenes Wissen und Können in Handlungszusammenhängen anzuwenden. Sie können Probleme und Problemsituationen erkennen, analysieren und flexibel verschiedene Lösungswege erproben. Sie entwickeln praktisch orientierte Handlungskompetenz.

Kognitive Feinziele:

S. erkennen einfache Baupläne und sind in der Lage, einfache Baupläne zu lesen. Sie wissen über den allgemeinen Aufbau von Maschinen und kennen die einzelnen Funktionen der Bauteile der zu erbauenden Geräte und sind sich bewusst, dass Maschinen aus mehreren Baugruppen bestehen. Sie erkennen Funktionselemente und Baugruppen und können diese unterscheiden und ggf. getrennt zerlegen oder fügen.

Sie wissen über verschieden Übersetzungsverhältnisse. Sie erkennen, dass das Werkzeug die gleiche Geschwindigkeit und die gleiche Drehrichtung wie die Motorwelle haben, wenn es unmittelbar mit der Motorwelle verbunden ist. Sie erkennen, dass sich zum Übertragen einer Drehbewegung bei großem Abstand paralleler Wellen sich Riemengetriebe eignen. Sie wissen, dass Riemengetrieben aus Riemenscheiben, die auf Wellen befestigt sind, und dem Riemen bestehen. Sie erkennen, wenn sich eine Drehbewegung von einem Rad auf ein anderes überträgt, sich das kleinere Rad in der gleichen Zeit öfter dreht als das größere. Sie kennen das Prinzip, wenn sich eine Drehbewegung von einer Welle auf eine andere Welle durch Stirn- oder Reibräder übertragen, diese unterschiedliche Drehrichtungen haben. Sie wissen, dass die Drehzahlen sich sowohl durch Auswechseln von unterschiedlichen Größen der Stirnräder, als auch durch den unterschiedlichen Durchmesser des Riemengetriebe zwischen Motor und Abtriebswelle ändern lassen. Sie erkennen, wenn Wellen winklig zueinander liegen, Drehbewegungen durch Kegelräder übertragen werden können.

Psychomotorische Feinziele:
S. sind in der Lage, Arbeitsschritte zielorientiert zu planen. Sie können ein ausgewähltes technisches Gerät, mittels dem mechanischem Baukasten, sachgemäß montieren. Sie können Ergebnisse am Modell präsentieren. Sie stärken ihre Fähigkeiten und Fertigkeiten.

Affektive Feinziele:
Sie sind sich über eigene Stärken und Schwächen bewusst. Sie entwickeln Selbstvertrauen und Selbstständigkeit und übernehmen Verantwortung für das zu erbauende Projekt und gegenüber ihren Mitschülern bei der Präsentation und die Gültigkeit der Inhalte. Sie können zielstrebig und ausdauernd arbeiten und mit Erfolgen und Misserfolgen umgehen. Sie sind in der Lage, Hilfe anderer anzunehmen und anderen zu leisten. Sie werden sich bewusst, dass sie mit anderen gemeinsam lernen und arbeiten und mit Konflikten angemessen umgehen können. Sie können Entscheidungen treffen. Sie erkennen die Notwendigkeit, an ihrem Arbeitsplatz Ordnung zu halten, da Unordnung zu Arbeitsunfällen führen kann.

1. Bedingungsanalyse:

a) Anthropogene und sozial-kulturelle Vorraussetzungen

Das Alter der Schüler liegt zwischen 14 und 15 Jahren. Es sind 9 Schüler (4 Mädchen und 5 Jungen). Ein Mädchen ist seit 4 Wochen neu in der Klasse. Der Klassenverband besteht seit Februar. Die Schüler stammen aus gepflegten Familien, die scheinbar keine großen sozialen Konflikte mit sich tragen. Die Schüler zeigen ein offenes Verhalten gegenüber ihren Mitschülern. Sie wirken überwiegend interessiert und motiviert.

Der Klassenraum ist sehr klein. Die 5 Schulbänke der Schüler sind in „U"-Form angeordnet. Ein Overhead Projektor steht nur in seltenen Fällen nach Absprache zur Verfügung. Steckdosen sind ebenfalls nur dürftig vorhanden und an ungeeigneten Stellen.

b) Lernvoraussetzungen

Die Schüler haben unter der Leitung der Studenten eine Einführung in das Themengebiet erhalten. Sie kennen den Begriff der Technik und können technische Geräte in verschiedene Bereiche einteilen. Weiterhin haben sie anhand einer exemplarischen Auswahl von Haushaltsgeräten gelernt, dass die Entwicklung von technischen Systemen bestimmten Phasen und Stufen unterliegt. Historisch betrachtet verstehen sie die Technikerfindungen einzuordnen.

Sie kennen den Aufbau und die Funktionen der einzelnen Baugruppen, die für den Zusammenbau von Bedeutung sind. Sie sind sich über die Allgemeingültigkeit der Organe bewusst. Die Schüler kennen den Zusammenhang zwischen Eingangs- und Ausgangsgrößen des technischen Systems. Die Schüler verstehen den Zusammenhang zwischen Technik und den mathematischen und naturwissenschaftlichen Grundlagen, wie z.B. die Übertragung / die Umformung der verschiedenen Kräfte. Sie kennen unterschiedliche Getriebearten und deren Funktionen im Überblick und können diese unterscheiden. Sie kennen den Begriff „Übersetzungsverhältnis". Sie kennen unterschiedliche Maschinen mit unterschiedlichen Getriebearten. Sie kennen die sinnbildliche Darstellung von Getrieben.

2. Sachanalyse:

Am Anfang dieser Stunde werden die Hausaufgaben eingesammelt, die die Schüler bearbeiten sollten. Anschließend sollen sich die Schüler in 4 Gruppen zusammen finden. Dabei arbeiten jeweils 2 Personen zusammen. Laslo, der in der letzten Stunde fehlte, wird sich in einer Dreiergruppe einfinden. Sollten andere Schüler fehlen, ist die Gruppenfindung freigestellt. Wer welches Gerät baut, wird über ein Losverfahren entschieden. Dazu nimmt sich jede Gruppe einen Zettel aus der Hand. Den Schülern werden die 4 Baukästen sowie der beiliegende Arbeitsauftrag ausgeteilt. Die Schüler werden eine Handbohrmaschine, eine Tischkreissägemaschine, eine Seilwinde und ein Rührgerät erbauen. Nachdem die Schüler in den Gruppen ihre Aufgaben bearbeitet haben, stellt jede Gruppe ihre Maschine vor und übermitteln die Ergebnisse des Arbeitsauftrages den Rest der Klasse. Somit wird der Unterricht vorwiegend von der Klasse geführt. Diese macht sich zu den Schülerbeiträgen Notizen in den Hefter. Damit dieser nicht zu weit von den Zielen des Unterrichts abweicht, wird er bei dem Bau der Maschinen, sowohl auch bei der Auswertung konsequent von der Lehrerin überwacht.

Die Schüler benennen die einzelnen Bauteile, geben Auskunft über ihre Funktionen, beschreiben die Bewegungsabläufe und die Bewegungsrichtungen und geben Auskunft über das verwendete Getriebe. Sie erklären anhand der Maschine das Übersetzungsverhältnis und gehen auf Besonderheiten des Gerätes ein und nennen Beispiele.

Wenn Zeit besteht, demontieren die Schüler ihre Werkaufgabe und legen sie Ordnungsgemäß in den Baukasten zurück.

Am Ende der Stunde wird auf den schriftlichen Test hingewiesen, der den Schülern in der nächsten Stunde begegnet. Auf eventuelle Fragen wird kurz eingegangen.

Sollte der Auftrag von allen Schülern schneller als geplant verlaufen, so wird ein erneuter Arbeitsauftrag zum Themengebiet ausgeteilt, der dann in der Stunde in Einzelarbeit bearbeitet wird.

Sollte eine Gruppe anderen Gruppen weit voraus sein und ihre Aufgaben richtig beantwortet haben, so erhält diese die Extraaufgabe. Das Gerät wird nicht demontiert, da sie zu Präsentationszwecken genutzt werden muss.

3. Didaktisch- methodische Beschreibung der Unterrichtsstunde:

Die Herstellung von Gebrauchsgegenständen und Übungsstücken durch Bearbeiten und Verarbeiten, Montieren und Demontieren von verschiedenen Materialien und Baugruppen mit Hilfe von Werkzeugen, Vorrichtungen und Maschinen in immer neuen Zusammenhängen und Aufgaben und der dabei mögliche Erwerb vielseitiger Kenntnisse, Fähigkeiten und Fertigkeiten ist allgemeines Ziel der Unterrichtgestaltung dieses Problemfeldes. Ausgehend vom Produktionsziel lernen sie, Arbeitsschritte und Arbeitstätigkeiten zu planen, die Arbeitsergebnisse zu kontrollieren und die gesamte Arbeit zu bewerten.

Ein Schülerorientierter Unterricht berücksichtigt die Lernvoraussetzungen und Lernweisen der Schülerinnen und Schüler. Schülerorientiert bedeutet aber nicht, den Schülerinnen und Schüler den Unterricht selbst zu überlassen oder allein ihren aktuellen Wünschen zu entsprechen. Fragen, Probleme, Interessen und Erfahrungen der Lernenden sollten, wo immer möglich, Ausgangspunkt, nicht aber ausschließlich Inhalt des Unterrichts sein. Kinder und Jugendliche wollen die Welt verstehen und aktiv an ihr teilhaben. Die Entwicklung des Denkens ist an Handlungen und direkte Erfahrungen gebunden. Sinnvolle Handlungsforderungen setzen einen Schülerorientierten Unterricht voraus und beziehen sich im Kern auf das praktische und geistige Tätigwerden der Lernenden. Natürlich sind auch Zuhören, Mitdenken und mitschreiben solche Tätigkeiten. Sie sind aber eher auf rezeptives kognitives Lernen konzentriert. Ein Unterricht, der allein auf der kognitiven Ebene stehen bleibt, geht an den Schülern vorbei.

Sollte die Zeit nicht ausreichen um alle Geräte vorzustellen, dann wird in der nächsten Stunde ein Lösungszettel von der Lehrerin ausgeteilt. Sollte die Zeit zur Vervollständigung der Extraaufgabe nicht ausreichen, steht es den Schülern frei, ob sie ihn als HA fertig stellen, um eine gegebenenfalls gute Zensur zu erhalten. Die Freistellung erfolgt deshalb, da in der folgenden Stunde ein Test geschrieben wird und somit keine neuen Belastungen auf den Schüler zu kommen sollen.

Die ausgewählten Geräte sind den Schülern bekannt, da sie in ihrer Umwelt häufig damit konfrontiert werden (Alltagsnah/ Realitätsbezug).

Zeit	Stoffschwerpunkt	Didaktische Struktur	Lehrerverhalten	Schülerverhalten
9.10		Frontal	Begrüßung Vorstellung Namen an Tafel	S. stehen auf und begrüßen den Lehrer
9.11			Einsammeln der HA	HA abgeben
9.12	Vorstellen des Themas	Frontal	verkündet das Vorhaben dieser Stunde	hören zu
	Werkaufgabe	Gruppen-einteilung	lässt Zettel ziehen	ziehen Zettel
9.14		Gruppenarbeit	Austeilen der Baukästen und des Arbeitsauftrages	packen Baukästen aus
	Tischkreissäge *Seilwinde* *Handbohrmaschine* *Rührgerät*		gibt Hilfestellung und überwacht das	bearbeiten den Arbeitsauftrag
9.55	Pause		Arbeitsergebnis	
10.20	Präsentation *Tischkreissäge* *Seilwinde* *Handbohrmaschine* *Rührgerät* (Demontage)	Schülervorträge (GA)	gibt Hilfestellung und überwacht das Arbeitsergebnis	stellen nacheinander ihre Geräte vor und übernehmen in Hefter wichtige Stichpunkte des Vortrages der anderen Gruppen;(Demontage)
10.53 10.55	Testankündigung Verabschiedung	Frontal	Auskunft über Test in der nächsten Stunde	schreiben ins HAheft